地理信息产业统计分类 2017

DILI XINXI CHANYE TONGJI FENLEI 2017

测绘出版社　编

测绘出版社
·北京·

图书在版编目（CIP）数据

地理信息产业统计分类. 2017 / 测绘出版社编. —北京：测绘出版社，2018.1
ISBN 978-7-5030-4094-8

Ⅰ. ①地… Ⅱ. ①测… Ⅲ. ①地理信息系统—信息产业—统计—分类—中国 Ⅳ. ① P208

中国版本图书馆 CIP 数据核字（2017）第 325462 号

责任编辑 李伟 **执行编辑** 陈西娅 **责任校对** 王宇瀚 **责任印制** 陈超

出版发行	测绘出版社	**电　话**	010-83543956（发行部）
地　址	北京市西城区三里河路 50 号		010-68531609（门市部）
邮政编码	100045		010-68531363（编辑部）
电子邮箱	smp@sinomaps.com	**网　址**	www.chinasmp.com
印　刷	北京九州迅驰传媒文化有限公司		
成品规格	148 mm × 210 mm	**经　销**	新华书店
版　次	2018 年 1 月第 1 版	**印　张**	2
印　次	2018 年 1 月第 1 次印刷	**字　数**	31 千字
印　数	001—500	**定　价**	10.00 元

书　号 ISBN 978-7-5030-4094-8

本书如有印装质量问题，请与我社门市部联系调换。

编 者 说 明

一、《地理信息产业统计分类（2017）》系统收录了与地理信息产业统计分类有关的通知、法律法规条款及相关资料。

二、本书正文内容分为两个篇章，即第一，规范性文件；第二，相关法律法规条文及资料。

三、与关于印发《地理信息产业统计分类（2017）》的通知所附地理信息产业统计分类表相比较，本书所列表格内容增加了关于国民经济行业分类代码所代表的类别名词及此类别名词的相关说明，便于读者查阅。

四、为方便读者阅读理解，本书所选部分资料行文格式与原资料略有改动。

目　录

一、规范性文件

二、相关法律法规条文及资料

第一部分

规范性文件

关于印发《地理信息产业统计分类（2017）》的通知

国测发〔2017〕4号

各省、自治区、直辖市及计划单列市、新疆生产建设兵团测绘地理信息主管部门，局所属各单位、机关各司室：

为贯彻落实《国务院办公厅关于促进地理信息产业发展的意见》（国办发〔2014〕2号）要求，规范地理信息产业统计范围和口径，国家测绘地理信息局制定了《地理信息产业统计分类（2017）》并经国家统计局核准。现予印发，请遵照执行。

国家测绘地理信息局

2017年7月25日

地理信息产业统计分类（2017）

一、分类目的

为了推动地理信息产业发展，科学界定地理信息产业的统计范围，建立地理信息产业统计制度，依据《中华人民共和国统计法》《中华人民共和国测绘法》和《国务院办公厅关于促进地理信息产业发展的意见》（国办发〔2014〕2号），以《国民经济行业分类》（GB/T 4754－2017）为基础，制定本分类。

二、分类范围

本分类中的地理信息产业是指以测绘和地理信息系统、遥感、导航定位等技术为基础，以地理信息资源开发利用为核心，从事地理信息获取、处理、应用的经济活动，以及与这些活动有关联的单位集合。本分类将地理信息产业范围确定为地理信息服务、地理信息硬件制造与软件开发、地理信息相关服务3个大类。

三、编制原则

（一）以国务院有关文件为指导。本分类按照《国务院办公厅关于促进地理信息产业发展的意见》提出的要求和任务，确定地理信息产业的基本范围。

（二）以《国民经济行业分类》为基础。本分类是对《国民经济行业分类》中符合地理信息产业特征有关活动的再分类。

（三）以我国地理信息产业发展现状为主要划分依据。本分类体现了我国地理信息产业发展的自身特点，兼顾与地理信息相关的上下游产业及新兴产业。

四、结构编码

本分类将地理信息产业划分为三层，分别用阿拉伯数字编码表示。第一层为地理信息产业的3个大类，用2位数字编码表示；第二层为地理信息产业的11个中类，用3位数字编码表示；第三层为地理信息产业的20个小类，用4位数字编码表示，该层对应《国民经济行业分类》代码。

代码结构：

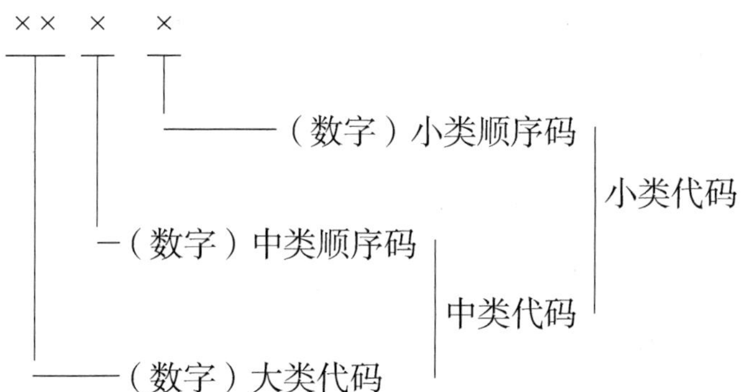

五、有关说明

（一）本分类建立了与《国民经济行业分类》的对应关系。在《国民经济行业分类》中，一个行业类别仅有部分活动属于地理信息产业的，行业代码用“*”做标记。《国民经济行业分类》中的“6571”全部属于地理信息产业，为避免交叉重复，将“6571”拆分为两个以上地理信息产业类别，并用“**”做标记。

（二）本分类在说明栏中，对《国务院办公厅关于促进地理信息产业发展的意见》中的重点任务，以及带“*”和“**”行业类别的内容作了说明。

（三）本分类对应《国民经济行业分类》的具体范围，参见国民经济行业分类说明及相关文件规定。

（四）以法人单位作为划分对象时，其主要活动为地理信息产业活动的，按本分类划分；以产业活动单位为划分对象时，所有法人单位内部从事地理信息产业活动的产业活动单位（例如工程建设单位中的测量队、大型互联网企业中的地图部门、高等院校中的测绘学院等），各自按本分类划分。

（五）与地理信息产业活动相关的测绘仪器修理、知识产权服务、资本投资服务、设备租赁、房产物业管理、单位后勤管理服务、会议及展览服务、国际组织、科技推广等由于经济体量较小，暂未列入分类中。

六、地理信息产业统计分类

具体分类如下表所示。

说明：原通知附件表格仅展示了国民经济行业代码。为便于读者了解，下表加入国民经济行业分类代码所表示名词名称以及对该名词的解释，可参考《国民经济行业分类》（GB/T 4754-2017）。

地理信息产业统计分类表

代码			名称	说明	国民经济行业分类代码	国民经济行业类别名词	类别说明
大类	中类	小类					
01	**地理信息服务**						
	011	0110	遥感测绘服务	指大地测量、测绘航空摄影、摄影测量与遥感、工程测量、地下管线测量、不动产测绘、海洋测绘等	7441	遥感测绘服务	
	012	0120	地图服务	仅包括导航电子地图制作、地图编制、互联网地图服务	6571 **	地理遥感信息服务	指互联网地图服务软件、地理信息系统软件、测绘软件、遥感软件、导航与位置服务软件、地图制图软件等，以及地理信息加工处理（包括导航电子地图制作、遥感影像处理等）、地理信息系统工程服务、导航及位置服务等
				仅包括地图图书、期刊、电子出版物的出版	862*	出版业	
				仅包括地图文化创意	8810*	文艺创作与表演	指文学、美术创造和表演艺术（如戏曲、歌舞、话剧、音乐、杂技、马戏、木偶等表演艺术）等活动

续表

代码			名称	说明	国民经济行业分类代码	国民经济行业类别名词	类别说明
大类	中类	小类					
01	013	0130	导航定位服务	仅包括卫星导航定位基准站、卫星导航定位基准网等服务	6571 **	地理遥感信息服务	指互联网地图服务软件、地理信息系统软件、测绘软件、遥感软件、导航与位置服务软件、地图制图软件等，以及地理信息加工处理（包括导航电子地图制作、遥感影像处理等）、地理信息系统工程服务、导航及位置服务等
				仅包括基于地理位置的互联网信息服务（如为滴滴出行、摩拜单车、大众点评、携程旅行、百度外卖等提供位置服务）	6432 *	互联网生活服务平台	指专门为居民生活服务提供第三方服务平台的互联网活动，包括互联网销售平台、互联网约车服务平台、互联网旅游出行服务平台、互联网体育平台等
	014	0140	地理信息系统服务	仅包括运用数字化技术将基础地理信息和专题地理信息进行加工处理并整合应用的服务，地理信息系统工程	6571 **	地理遥感信息服务	指互联网地图服务软件、地理信息系统软件、测绘软件、遥感软件、导航与位置服务软件、地图制图软件等，以及地理信息加工处理（包括导航电子地图制作、遥感影像处理等）、地理信息系统工程服务、导航及位置服务等

续表

代码			名称	说明	国民经济行业分类代码	国民经济行业类别名词	类别说明
大类	中类	小类					
01	014	0140	地理信息服务	仅包括按照用户需求进行的地理信息集成、开发服务，地理信息系统运行维护服务	6531*	信息系统集成服务	指基于需方业务进行的信息系统需求分析和系统设计，并通过结构化的综合布缆系统、计算机网络技术和软件技术、将各个分离的设备、功能和信息等集成到相互关联的、同意和协调的系统之中，以及为信息系统的正常运行提供支持的服务；包括信息系统设计、集成实施、运行维护等服务
				仅包括地理信息大数据服务	6450*	互联网数据服务	指以互联网技术为基础的大数据处理、云存储、云计算、云加工等服务
	015	0150	其他地理信息服务	指地理国情监测服务以及其他测绘地理信息服务	7449	其他测绘地理信息服务	

续表

代码			名称	说明	国民经济行业分类代码	国民经济行业类别名词	类别说明
大类	中类	小类					
02			**地理信息硬件制造与软件开发**				
	021		地理信息硬件制造				
		0211	测绘仪器制造	仅包括全站仪、测距仪、垂准仪、经纬仪、测深仪、地下管线探测仪、卫星导航定位接收机、陀螺仪、惯导设备等仪器的制造	4023 *	导航、测绘、气象及海洋专用仪器制造	指用于气象、海洋、水文、天文、航海、航空等方面的导航、测绘、制导、测量仪器和仪表及类似装置的制造
		0212	地图文化产品制造	仅包括地球仪、地理模型制造	2413 *	教学用模型及教具制造	指主要用于教学的各种专用模型、标本及教具的制造

续表

代码			名称	说明	国民经济行业分类代码	国民经济行业类别名词	类别说明
大类	中类	小类					
02	021	0212	地图文化产品制造	仅包括地图文化创意产品制造	243*	工艺美术及礼仪用品制造	
		0213	导航定位芯片及终端设备制造	仅包括导航定位集成电路（芯片）制造	3973*	集成电路制造	指单片集成电路、混合式集成电路的制造
				仅包括导航定位设备终端设备（手持导航仪、车载导航仪、船载导航仪等）制造	3922*	通信终端设备制造	指固定或移动通信终端设备的制造
		0214	遥感仪器及装备制造	仅包括摄影测量照相机制造	3473*	照相机及器材制造	指各种类型或用途的照相机的制造；包括用以制备印刷板，用于水下或空中照相的照相机制造，以及照相机用闪光装置、摄影暗室装置和零件的制造

续表

代码			名称	说明	国民经济行业分类代码	国民经济行业类别名词	类别说明
大类	中类	小类					
02	021	0214	遥感仪器及装备制造	仅包括干涉雷达（INSAR）、激光雷达等雷达及配套设备制造	3940 *	雷达及配套设备制造	指雷达整机及雷达配套产品的制造
				仅包括摄影测量无人机制造	3963 *	智能无人飞行器制造	指按照国家有关安全规定标准，经允许生产并主要用于娱乐、科普等的智能无人飞行器的制造
				仅包括导航卫星、高分辨率遥感卫星、雷达卫星、重力卫星、激光测高卫星的制造	3742 *	航天器及运载火箭制造	
	022	0220	地理信息软件开发	仅包括地理信息系统基础软件、地理信息系统专业软件、测绘软件、遥感软件、导航定位软件、地图制图软件、地理信息安全软件等开发	6571 **		指互联网地图服务软件、地理信息系统软件、测绘软件、遥感软件、导航与位置服务软件、地图制图软件等，以及地理信息加工处理（包括导航电子地图制作、遥感影像处理等）、地理信息系统工程服务、导航及位置服务等

续表

代码			名称	说明	国民经济行业分类代码	国民经济行业类别名词	类别说明
大类	中类	小类					
03			**地理信息相关服务**				
	031		地理信息组织服务				
		0311	测绘地理信息政府机构	仅包括测绘地理信息行政管理机构	9225*	经济事务管理机构	
				仅包括测绘地理信息执法机构	9226*	行政监督检查机构	指依法对社会经济活动进行监督、稽查、检查、查处等活动，包括独立（或相对独立）于各级行政管理机构的执法检查大队的活动
		0312	地理信息社会团体	仅包括测绘、测绘地理信息、遥感、地理等专业性团体	9521*	专业性团体	指由同一领域的成员、专家组成的社会团体（如学科、学术、文化、艺术、体育、教育、卫生等）的活动

续表

代码			名称	说明	国民经济行业分类代码	国民经济行业类别名词	类别说明
大类	中类	小类					
03	031	0312	地理信息社会团体	仅包括地理信息产业、卫星导航定位等行业性团体	9522 *	行业性团体	指由一个行业，或某一类企业，或不同企业的雇主（经理、厂长）组成的社会团体的活动
		0313	其他地理信息组织	仅包括测绘地理信息业务档案馆	8832 *	档案馆	
				仅包括测绘地理信息博物馆	8850 *	博物馆	指收藏、研究、展示文物和标本的博物馆的活动，以及展示人类文化、艺术、体育、科技、文明的美术馆、艺术馆、展览馆、科技馆、天文馆等管理活动
	032		地理信息科学研究和技术服务				
		0321	地理信息研究和试验发展	仅包括地球、地理科学研究和试验发展	7310 *		

续表

代码			名称	说明	国民经济行业分类代码	国民经济行业类别名词	类别说明
大类	中类	小类					
03	032	0321	地理信息研究和试验发展	仅包括测绘、遥感、导航定位、地图制图、地理信息科学研究和试验发展	7320*		工程和技术研究和试验发展
		0322	地理信息质检技术服务	仅包括测绘、地理信息产品检测服务	7452*	检测服务	指依据相关标准或者技术规范，利用仪器设备、环境设施等技术条件，对产品或者特定对象进行的技术判断
				仅包括测绘仪器检定、校准等计量服务	7453*	计量服务	指为了保障国家计量单位的统一和量值的准确可靠，维护国家、公民，法人和其他社会组织的利益，计量技术机构或相关单位开展的检定、校准、检验、检测、测试、鉴定、仲裁、技术咨询和技术培训等计量活动
				仅包括测绘、地理信息标准化服务	7454*	标准化服务	指利用标准化的理念、原理和方法，为各类主体提供标准化解决方案的产业，包括标准技术指标实验验证、标准信息服务、标准研制过程指导、标准实施宣贯等服务，基于标准化的组织战略咨询、管理流程再造、科技成果转移转化等服务，标准与相关产业融合发展而衍生的各类“标准化 +”服务

续表

大类	中类	小类	名称	说明	国民经济行业分类代码	国民经济行业类别名词	类别说明
03	032	0323	地理信息咨询服务	仅包括地理信息技术咨询、管理咨询、测试评估、技术培训等服务	6560 *	信息技术咨询服务	指在信息资源开发利用、工程建设、人员培训、管理体系建设、技术支撑等方面向需方提供的管理或技术咨询评估服务；包括信息化规划、信息技术管理咨询、信息系统工程监理、测试评估、信息技术培训等
	033		地理信息人力资源开发				
		0331	地理信息教育	仅包括测绘地理信息系统、地图制图、摄影测量、遥感、导航工程、地理国情监测等专业的中等职业学校教育	8336 *	中等职业学校教育	指经教育行政部门或人力资源社会保障行政部门批准举办的中等技术学校、中等师范学校、成人中等专业学校、职业高中学校、技工学校等教育活动
				仅包括测绘、地理信息系统、地图制图、摄影测量、遥感、导航工程、地理国情监测等专业的普通高等教育	8341 *	普通高等教育	指经教育行政部门批准，由国家、地方、社会办的在完成高级中等教育基础上实施的获取学历的高等教育活动

续表

代码			名称	说明	国民经济行业分类代码	国民经济行业类别名词	类别说明
大类	中类	小类					
03	033	0332	测绘地理信息职业技能培训与鉴定	仅包括测绘地理信息职业技能培训	8391*	职业技能培训	指由教育部门、劳动部门或其他政府部门批准举办，或由社会机构举办的为提高就业人员就业技能的就业前的培训和其他技能培训活动，不包括社会上办的各类培训班、速成班、讲座等
				仅包括测绘行业特有工种职业技能鉴定	7269*	其他人力资源服务	指其他未列明的人力资源服务
	034		地理信息产品批发和零售				
		0341	地理信息产品贸易代理	仅包括地图、地理信息数据、地理信息软件、地理信息硬件设备及产品的贸易代理	5181*	贸易代理	指不拥有货物的所有权，为实现供求双方达成交易，按协议收取佣金的贸易代理

续表

代码			名称	说明	国民经济行业分类代码	国民经济行业类别名词	类别说明
大类	中类	小类					
03	034	0342	地理信息产品销售服务	仅包括地图图书的批发	5143 *	图书批发	
				仅包括地理信息软件及辅助设备批发	5176 *	计算机、软件及辅助设备批发	
				仅包括地理信息硬件设备及产品的批发	5179 *	其他机械设备及电子产品批发	
				仅包括地图的零售	5243 *	图书、报刊零售	

续表

代码			名称	说明	国民经济行业分类代码	国民经济行业类别名词	类别说明
大类	中类	小类					
03	034	0342	地理信息产品销售服务	仅包括地理信息软件及辅助设备的零售	5273*	计算机、软件及辅助设备零售	
				仅包括地理信息硬件设备及产品的零售	5279*	其他电子产品零售	

国土资源部办公厅关于执行新国民经济行业分类国家标准的通知

国土资厅函〔2017〕1460号

各省、自治区、直辖市国土资源主管部门，新疆生产建设兵团国土资源局，中国地质调查局及部其他直属单位，各派驻地方的国家土地督察局，部机关各司局，中国土地估价师与土地登记代理人协会，中国土地学会：

2017年6月，国家质量监督检验检疫总局和国家标准化管理委员会发布了新修订的《国民经济行业分类》（GB/T 4754—2017）。新分类首次将“土地管理业”作为独立的行业新增为行业大类，纳入“N 水利、环境和公共设施管理业”门类，这是我国国民经济中土地管理行业分类的一大新变化，是土地管理行业在国民经济中的重要地位的体现，是对多年来特别是党的十八大以来土地管理相关行业取得的长足发展和突出成就的高度认可，将为行业发展、职业分类、部门管理、协会建设、学科设立等奠定坚实基础，有利于促进土地管理事业长远发展。为做好新《国民经济行业分类》的实施工作，现就有关事项通知如下。

一、认真学习新修订的《国民经济行业分类》

修订后的国民经济行业门类仍保持 20 个；行业大类由 96 个增加至 97 个，即增加了“土地管理业”；行类中类由 432 个增加至 473 个，调整新增 41 个；行类小类由 1094 个增加至 1380 个，调整新增 286 个。修订涉及土地管理的主要有：

一是将“79 土地管理业”作为新增行业大类，纳入“N 水利、环境和公共设施管理业”门类。土地管理业大类下，包括土地整治服务、土地调查评估服务、土地登记服务、土地登记代理服务、其他土地管理服务 5 项中类经济活动。

二是将“7486 土地规划服务”从原“7483 规划管理”中调出，作为新增的行业小类纳入“M 科学研究和技术服务业”门类、“74 专业技术服务业”大类、“748 工程技术与设计服务”中类之下。

三是将土地管理各项行业活动与联合国现行《国际标准行业分类（ISIC 修订本第 4 版）》对接，满足行业分类、统计数据与国际标准行业分类的可比需要。

修订后，国民经济行业中直接涉及国土资源的共有行业大类 1 个，即“79 土地管理业”，包括下属 5 个行业中类。其他行业中类 3 个，即“747 地质勘查”，包括下属“能源矿产地质勘查”“固体矿产地质勘查”“水、二氧化碳等矿产地质勘查”“基础地质勘查”“地质勘查技术服务”5个行业小类；“743 海洋服务”，包括下属“海洋气象服务”“海洋环境服务”“其他海洋服务”3个行业小类；“744 测绘地理信息服务”，包括下属“遥感测绘服务”“其他测绘地理信息服务”2个行业小类。其他行业小类1个，即“7486 土地规划服务”。此外，土地开发服务、地质遗迹保护区管理服务、古生物遗迹保护区管理服务、地质灾害治理服务等作为经济活动收纳在其他行业小类中。各单位要认真组织学习新《国民经济行业分类》，做好实施新标准的各项准备工作。

二、积极配合做好《国民经济行业分类注释》工作

《国民经济行业分类注释》是在《国民经济行业分类》的基础上对行业小类进行解释，对易混淆活动进行归属，明确派生统计分类标准。请部机关各司局、中国土地估价师与土地登记代理人协会和中国土地学会配合做好《国民经济行业分类注释》，确保各类土地管理活动归属准确、界定明晰。

三、加强土地管理行业管理和数据统计

中国土地估价师与土地登记代理人协会、中国土地学会要认真贯彻执行新《国民经济行业分类》，加强行业建设、完善治理结构、引导企业规范经营、提升专业

服务水平，扎实开展行业相关数据统计和资料收集，满足国民经济核算等相关需要。

四、促进职业分类大典修订和学科建设

以新《国民经济行业分类》实施为契机，积极推进土地管理行业相关职业纳入《国家职业分类大典》，保障土地管理行业从业人员的合法权益。推进土地管理学科建设，加快土地管理理论研究和人才培养，促进土地管理行业可持续发展。

2017 年 10 月 12 日

关于组织开展地理信息产业专项统计调查工作的通知

国测办发〔2017〕144号

各省、自治区、直辖市测绘地理信息主管部门，局所属有关单位、机关各司室：

为贯彻落实《国务院办公厅关于促进地理信息产业发展的意见》（国办发〔2014〕2号）精神，加强地理信息产业统计工作，国家测绘地理信息局决定按照国家统计局批准的《地理信息产业专项统计调查制度》（附件），组织开展地理信息产业专项统计调查工作。现将有关事项通知如下：

一、重要意义

地理信息产业是战略性新兴产业，近年来快速发展，规模不断壮大，对经济发展的带动作用十分明显。《测绘法》和《地图管理条例》均明确鼓励发展地理信息产业，并要求加快产业结构调整和优化升级。加强地理信息产业统计调查工作，不仅有利于摸清产业发展底数、掌握产业发展规模和增长速度，而且能够为调整产业政策提供科学决策依据，为社会公众了解、参与地理信息产业活动提供信息资料，也有利于《测绘法》《地理管理条例》的贯彻落实。同时，开展产业统计调查工作，能够进一步完善全国地理信息产业单位名录库，为今后制定更加全面的地理信息产业统计制度和建立常态化的地理信息产业运行监测体系奠定基础。

二、组织实施

（一）组织方式。此次专项统计调查由国家测绘地理信息局地理信息与地图司统筹协调，各省级测绘地理信息主管部门组织企业填报，中国地理信息产业协会具体承办，中国测绘科学研究院负责网上直报的技术支持工作，相关单位配合。

（二）调查对象。本次调查对象和统计范围主要为全国地理信息产业单位名录库中的非测绘资质企业，约1.4万家。各省级测绘地理信息主管部门发动已纳入本地区产业单位名录库的非测绘资质企业进行填报。鼓励中国测绘地理信息学会、中国地理信息产业协会、中国卫星导航定位协会动员所属会员单位积极参与。

（三）填报方式。调查对象通过全国地理信息产业单位名录库管理系统填报，不具备条件的单位可以填写纸介质，并报本地区省级测绘地理信息主管部门。

三、进度安排

（一）准备阶段（2017年9月）。地理信息与地图司共享相关部门数据，更新全国地理信息产业单位名录库。中国地理信息产业协会组织开展一次业务培训，确保各地调查人员了解调查采用的统计标准和调查方法，熟悉指标涵义、口径和计算方法，掌握调查技巧等；统一印制专项统计调查函，并发给各省级测绘地理信息主管部门。中国测绘科学研究院进一步完善全国地理信息产业单位名录库管理系统网上统计调查直报模块，做好系统稳定性测试。各地可按照《关于建立地理信息产业单位名录库的通知》（测办〔2016〕16 号）精神，进一步核查认定本地区地理信息产业单位名录，更新相关数据，确定调查对象。

（二）实施阶段（2017 年 10 月）。各省级测绘地理信息主管部门将专项统计调查函组织邮寄至被调查单位或者上门现场调查；督促调查对象在 2017 年 10 月 31 日前填报调查内容。中国地理信息产业协会开设专项统计调查 QQ 交流群和咨询电话，及时解答有关问题。

（三）资料收集与统计分析阶段（2017 年 11 月）。对于通过纸介质报表的，省级测绘地理信息主管部门收集整理后，统一录入地理信息产业单位名录库管理系统。中国地理信息产业协会将所有上报的数据审核后，与测绘资质单位统计数据进行合并，并进行计算与分析，撰写地理信息产业专项统计调查报告。各地也可结合测绘地理信息统计数据和专项统计调查数据，撰写本地区地理信息产业专项统计调查报告。

四、工作要求

（一）高度重视。地理信息产业专项统计调查工作已纳入全国省级测绘地理信息主管部门2017年度测绘地理信息工作绩效考核内容。各地要高度重视，明确专人和专门机构负责，力争全面掌握本地区地理信息产业发展底数。

（二）加强沟通。各地要加强与统计等部门的沟通协调，争取支持，共享数据。同时，要加强与调查对象的沟通，争取理解、配合和支持，并为其完成数据采集和报送任务提供必要的帮助。

（三）控制质量。从接收调查对象的数据上报开始，各省级测绘地理信息主管部门和中国地理信息产业协会要严把原始数据质量关，督促调查对象实行统计人员和单位负责人分级审核制度，最大程度保证填报数据的真实可靠和完整。对于异常数据要退回调查对象重新填报。

（四）注意保密。在统计调查工作中知悉的国家秘密、商业秘密和个人信息，要严格保密，不得泄露。调查取得的统计资料和成果主要用于地理信息产业政策制定和理论研究，并可依据相关法规与其他政府部门实现共享，不得擅自公开。

地理信息产业专项统计调查制度

（国家测绘地理信息局制定

中华人民共和国国家统计局批准

2017 年 9 月）

本制度根据《中华人民共和国统计法》
的有关规定制定

《中华人民共和国统计法》第七条规定：国家机关、企业事业单位和其他组织以及个体工商户和个人等统计调查对象，必须依照本法和国家有关规定，真实、准确、完整、及时地提供统计调查所需的资料，不得提供不真实或者不完整的统计资料，不得迟报、拒报统计资料。

《中华人民共和国统计法》第九条规定：统计机构和统计人员对在统计工作中知悉的国家秘密、商业秘密和个人信息，应当予以保密。

一、总说明

（一）为贯彻落实《国务院办公厅关于促进地理信息产业发展的意见》（国办发〔2014〕2号）精神，“规范建立全面反映产业发展情况的统计制度、指标体系和分类标准，建立地理信息及相关产业单位名录库，加强信息统计和发布工作”，摸清全国地理信息产业发展基本状况，根据《中华人民共和国统计法》《测绘统计管理办法》等有关规定，制定本制度。

（二）本制度的调查对象为地理信息产业的法人单位和产业活动单位。地理信息产业中的测绘资质单位、省级测绘地理信息主管部门的相关统计数据可根据测绘地理信息统计年度报表得出，不需要再填报本制度中的报表，除此之外的单位需要填报本制度中的表报。但是，由于地理信息产业法人单位和产业活动单位中的个体经营户、社会团体体量较小、执行的会计制度与企业不一致，为突出重点，本次调查对象和统计范围主要为全国地理信息产业单位名录库中的非测绘资质企业，约1.4万家。

（三）本制度的调查方法为重点调查。调查对象通过全国地理信息产业单位名录库管理系统填报，不具备条件的单位可以填报纸介质报表。

（四）本制度的统计内容包括单位基本信息、人员情况、财务状况等，以万元为计量单位的数据均保留小数点后一位。

（五）本制度为一次性专项调查，调查报告期为2015年1月1日至12月31日、2016年1月1日至12月31日，报送时间为2017年10月31日前。

（六）本制度中的报表统计调查工作由国家测绘地理信息局统筹协调，各省级测绘地理信息主管部门组织调查对象填报。

（七）本制度取得的统计资料和成果将按照国家相关规定对外发布，并可依据相关法规与其他政府部门实现共享。

二、报表目录

表号	表名	报告期别	统计范围（填报单位）	报送单位	报送日期及方式	页码
DXCY 01表	地理信息产业单位基本情况	一次性	地理信息产业的法人单位和产业活动单位（地理信息产业中的测绘资质单位和省级测绘地理信息主管部门免报）	省级测绘地理信息主管部门	10月31日前；网络报送或上报纸质报表	6

续表

表号	表名	报告期别	统计范围（填报单位）	报送单位	报送日期及方式	页码
DXCY 02 表	地理信息产业单位发展规模情况	同上	执行企业会计制度的地理信息产业法人单位和产业活动单位（地理信息产业中的测绘资质单位和省级测绘地理信息主管部门免报）	同上	同上	7

三、调查表式

地理信息产业单位基本情况

表号：　　　　DXCY01表

制定机关：国家测绘地理信息局

批准机关：国家统计局

批准文号：国统制〔2017〕100号

201　年　　　　有效期至：2017年12月

1	单位详细名称	
2	统一社会信用代码	□□□□□□□□□□□□□□□□□□
3	组织机构代码	□□□□□□□□—□
4	开业（成立）时间	年　　　月
5	法定代表人（单位负责人）	
6	详细通讯地址	
7	注册资本	万元
8	地理信息业务所占比例情况	地理信息服务营业收入占营业总收入的比重（%）
		地理信息硬件制造营业收入占营业总收入的比重（%）
		地理信息软件开发营业收入占营业总收入的比重（%）
		其他营业收入占营业总收入的比重（%）

单位统计负责人（主管领导）：

填报部门：　　　　　　　　　　　　　　　　部门领导：

填报人：　　　　　　　　　　　　　　　　　联系电话：

报出日期：2017 年　　　月　　　日

说明：

1．填报单位：地理信息产业法人单位和产业活动单位。

2．报送时间及方式：2017 年 10 月 31 日前通过网上填报或报送纸介质报表。

3．地理信息业务所占比例情况，是指各项业务营业收入占营业总收入的比重，比如地理信息软件开发的占比计算公式为：地理信息软件开发营业收入 ÷ 单位营业总收入 ×100%。

地理信息产业单位发展规模情况

表号：　　　　DXCY02 表

制定机关：国家测绘地理信息局

批准机关：国家统计局

批准文号：国统制〔2017〕100 号

填报单位：　　　　有效期至：2017 年 12 月

指标名称	计量单位	代码	2015 年	2016 年
甲	乙	丙	1	2
一、人员情况	—	—		
年末实有从业人员数	人	01		
其中：女性	人	02		
二、财务情况	—	—		
1．营业收入	万元	03		
2．利润总额	万元	04		
3．所得税费用	万元	05		
4．年末资产总计	万元	06		

单位统计负责人（主管领导）：

填报部门：　　　　　　　　部门领导：

填报人：　　　　　　　　　联系电话：

报出日期：2017 年　　　月　　　　　日

说明：

1．填报单位：执行企业会计制度的地理信息产业法人单位和产业活动单位。

2．报送时间及方式：2017 年 10 月 31 日前通过网上填报或报送纸介质报表。

3．逻辑关系：01 ≥ 02；若 04（利润总额）>0 时，04>05。

四、主要指标解释

（一）地理信息产业单位基本情况

单位详细名称指经有关部门批准正式使用的单位全称。通过全国地理信息产业单位名录库管理系统填报的，系统自动生成。通过纸介质方式填报的，按工商部门登记的名称填写。填写时要求使用规范化汉字填写，并与单位公章所使用的名称完全一致。凡经登记主管机关核准或批准，具有两个或两个以上名称的单位，要求填写一个单位名称，同时用括号注明其余的单位名称。

开业（成立）时间指单位开业或成立的具体年月。分以下几种情况填报：

1．解放前成立的单位填写最早开工或成立的年月。

2．解放后成立的单位填写领取营业执照或批准成立的时间，如开业年月早于领取营业执照的时间，填写最早开业年月。

3．改制企业的开业时间按原成立时间填写。

4．企业分立、合并分二种情况：一种是因合并或分立而新设的企业，其开业时间按工商部门重新登记的开业时间填写；另一种是合并或分立后继续存在的企业，填写原企业开业时间。

5．与外方或港、澳、台合资的企业，按领取合资企业营业执照的时间填写。

统一社会信用代码指按照《国务院关于批转发展改革委等部门法人和其他组织统一社会信用代码制度建设总体方案的通知》（国发〔2015〕33号）规定，由赋码主管部门给每一个法人单位和其他组织颁发的在全国范围内唯一的、终身不变的法定身份识别码。统一社会信用代码由18位的阿拉伯数字或大写英文字母（不使用I、O、Z、S、V）组成。

组织机构代码指根据中华人民共和国国家标准《全国组织机构代码编制规则》（GB11714—1997），由组织机构代码登记主管部门给每个企业、行政、事业单位等单位颁发的在全国范围内唯一的、始终不变的法定代码。组织机构代码共 9 位，无论是法人单位还是产业活动单位，组织机构代码均由 8 位无属性的数字和 1 位校验码组成。已有统一社会信用代码的单位，不再填写组织机构代码。

详细通讯地址要求写明单位所在的省（自治区、直辖市）、地（区、市、州）、县（区、市）的名称和详细的门牌号码，不能填写通讯号码或通讯信箱号码。

法定代表人（单位负责人）企业法定代表人按《企业法人营业执照》填写；产业活动单位填写本单位的主要负责人。

注册资本指公司制企业章程规定的全体股东或发起人认缴的出资额或认购的股本总额，并在公司登记机关依法登记。

地理信息业务情况地理信息业务情况所占比例，主要根据营业收入的比例进行填写。地理信息服务是指为政府、企业、公众等用户提供各类地理信息获取、处理、应用的服务，包括遥感数据获取服务、地理信息处理与集成服务、地图服务、导航与位置服务等，以及面向行业的专业性地理信息服务。地理信息硬件制造是指从事支撑地理信息获取、处理、应用的硬件设备制造，包括制造测绘仪器，卫星导航定位设备、定位天线，北斗导航定位卫星，中高分辨率遥感卫星等。地理信息软件开发是指从事支撑地理信息获取、处理、应用的软件开发，包括开发地理信息系统基础软件和专业软件、测绘软件、遥感软件、导航与位置服务软件、地图制图软件等。其他是指本单位的其他产业活动。

（二）地理信息产业单位发展规模情况

年末实有从业人员数指年末最后一日 24 时在本单位工作，并取得工资或其他形式劳动报酬的人员数。该指标为时点指标，不包括最后一日当天及以前已经与单位解除劳动合同关系的人员，是在岗职工、劳务派遣人员及其他从业人员之和。从业人员不包括：

1．离开本单位仍保留劳动关系，并定期领取生活费的人员。

2．利用课余时间打工的学生及在本单位实习的各类在校学生。

3．本单位因劳务外包而使用的人员。

营业收入指企业经营主要业务和其他业务所确认的收入总额。营业收入合计包括“主营业务收入”和“其他业务收入”。根据会计“利润表”中“营业收入”项目的本期金额数填报。

利润总额指企业在一定会计期间的经营成果，是生产经营过程中各种收入扣除各种耗费后的盈余，反映企业在报告期内实现的盈亏总额。根据会计“利润表”中“利润总额”项目的本期金额数填报。

所得税费用指企业按税法规定，应从生产经营等活动的所得中缴纳的税金。根据会计“利润表”中“所得税费用”项目的本期金额数填报。

年末资产总计指企业过去的交易或者事项形成的、由企业拥有或者控制的、预期会给企业带来经济利益的资源。资产一般按流动性（资产的变现或耗用时间长短）分为流动资产和非流动资产。其中流动资产可分为货币资金、交易性金融资产、应收票据、应收账款、预付款项、其他应收款、存货等；非流动资产可分为长期股权投资、固定资产、无形资产及其他非流动资产等。根据会计“资产负债表”中“资产总计”项目的期末余额数填报。

第二部分

相关法律法规条文及资料

《中华人民共和国测绘法》第 40 条

第六章　测绘成果

第四十条　国家鼓励发展地理信息产业，推动地理信息产业结构调整和优化升级，支持开发各类地理信息产品，提高产品质量，推广使用安全可信的地理信息技术和设备。

县级以上人民政府应当建立健全政府部门间地理信息资源共建共享机制，引导和支持企业提供地理信息社会化服务，促进地理信息广泛应用。

县级以上人民政府测绘地理信息主管部门应当及时获取、处理、更新基础地理信息数据，通过地理信息公共服务平台向社会提供地理信息公共服务，实现地理信息数据开放共享。

《地图管理条例》第 6 条

第六条 国家鼓励编制和出版符合标准和规定的各类地图产品，支持地理信息科学技术创新和产业发展，加快地理信息产业结构调整和优化升级，促进地理信息深层次应用。

县级以上人民政府应当建立健全政府部门间地理信息资源共建共享机制。

县级以上人民政府测绘地理信息行政主管部门应当采取有效措施，及时获取、处理、更新基础地理信息数据，通过地理信息公共服务平台向社会提供地理信息公共服务，实现地理信息数据开放共享。

《国务院办公厅关于促进地理信息产业发展的意见》第13条

（十三）夯实产业发展基础。规范建立全面反映产业发展情况的统计制度、指标体系和分类标准，建立地理信息及相关产业单位名录库，加强信息统计和发布工作。编制地理信息产业发展规划，提出规划目标、方向和重点，加强与相关规划、政策的衔接，明确任务和措施。

《国家地理信息产业发展规划(2014—2020年)》第4部分第7条

（七）开展统计分析

开展地理信息产业统计工作，加强地理信息分类标准和统计指标体系研究，逐步完善统计工作机制。建立地理信息产业法人库。加强地理信息市场调查与研究。健全地理信息市场咨询服务体系。对国内外地理信息产业发展现状、问题和趋势进行调查研究，定期发布相关研究报告。结合国家重大战略实施和重要技术创新工作，深入开展地理信息资源和服务的需求分析工作，客观评估产业发展的市场环境，并提出优化建议。

《地理信息产业统计分类（2017）》解读

近日，国家测绘地理信息局出台了《地理信息产业统计分类（2017）》（以下简称《分类》）。为全面了解掌握《分类》，推进《分类》的实施，现将《分类》有关情况进行解读。

一、《分类》出台的背景和意义是什么

产业分类是进行产业研究的基础、统计的前提和管理的需要。《国务院办公厅关于促进地理信息产业发展的意见》（国办发〔2014〕2号，以下简称《意见》）明确要求“规范建立全面反映产业发展情况的统计制度、指标体系和分类标准”。《国家地理信息产业发展规划（2014—2020年）》提出“加强地理信息分类标准和统计指标体系研究”。《测绘地理信息事业“十三五”规划》要求“继续推进地理信息产业分类标准、产业单位名录库和统计指标体系建设”。为贯彻落实上述文件要求，正确理解和把握产业的内涵和特征，规范地理信息产业统计分析，非常有必要制定《地理信息产业统计分类》。

2014年，国家测绘地理信息局启动了地理信息产业分类研究，并形成了《地理信息产业统计分类（初稿）》，组织召开了第一次专家论证会。2015年，在国家统计

局的大力支持下，利用第三次全国经济普查数据，对地理信息产业发展规模进行了测算，对《地理信息产业统计分类（初稿）》的合理性进行了初步验证。2016 年，在测算和验证的基础上，对《地理信息产业统计分类（初稿）》进行了修改完善，删除了一些不合理的分类，增加了一些相关经济活动的类别，形成了《地理信息产业统计分类（内部使用稿）》。2017 年，为做好全国地理信息产业专项调查工作，按照有关要求，结合产业发展新形势、新情况，再次组织对分类进行修改完善，并广泛征求意见。2017 年 5 月，组织召开了第二次专家论证会，经进一步修改完善，形成了《地理信息产业统计分类（2017）》（送审稿）。2017 年 7 月，国家统计局正式核准《地理信息产业统计分类（2017）》。

出台《分类》是贯彻落实《意见》以及有关规划精神的重要举措，对于规范和促进地理信息产业发展具有重要意义。《分类》首次实现了对《国民经济行业分类》中符合地理信息产业特征有关活动的再分类，基本覆盖了目前我国地理信息产业的全部活动，便于确定地理信息产业与《国民经济行业分类》相关行业的关联统计系数，为开展我国地理信息产业统计调查和增加值核算工作奠定了重要基础。

二、《分类》有哪些主要内容

《分类》明确了地理信息产业的范围以及分类原则、结构编码，提出了地理信息产业的详细统计分类，对有关问题进行了说明。新修订的《国民经济行业分类》（GB/T 4754－2017）直接涉及测绘地理信息的分类有：“导航、测绘、气象及海洋专用仪器制造（4023）”“地理遥感信息服务（6571）”“遥感测绘服务（7441）”“其他测绘地理信息服务（7449）”。我们结合《国民经济行业分类》和地理信息产业发展实际，将地理信息产业划分为地理信息服务、地理信息硬件制造与软件开发、地理信息相关服务 3 个大类，细分为遥感测绘服务、地图服务、导航定位服务、地理信息系统服务、其他地理信息服务、地理信息硬件制造、地理信息软件开发、地理信息组织服务、地理信息科学研究和技术服务、地理信息人力资源开发、地理信息产品批发和零售等 11 个中类。在此基础上，根据产业发展特点，进一步细分为 20 个小类，其代码与《国民经济行业分类》代码相对应。

三、如何界定地理信息产业

《2011 国民经济行业分类注释》将产业定义为：“一个行业（或产业）是指从事相同性质的经济活动的所有

单位的集合。”根据此定义并结合《意见》精神，我们将地理信息产业作为广义概念来理解，包括测绘地理信息硬件的制造，并定义为：以测绘和地理信息系统、遥感、导航定位等技术为基础，以地理信息开发利用为核心，从事地理信息获取、处理、应用的经济活动，以及与这些活动有关联的单位集合（包括政府、企业、事业单位、社会团体以及产业活动单位）。因此，我们按照产业的关联度，将地理信息产业分为3个大类，其中地理信息服务是产业的核心部分，地理信息硬件制造与软件开发是产业的支撑部分，地理信息相关服务是产业的外围部分。基于上述理解，地理信息产业横跨国民经济部门第二产业和第三产业，并且以第三产业为主，也就是地理信息产业的核心仍然是生产性服务业。

四、地理信息产业与测绘、导航定位、遥感的关系是什么

地理信息的核心是“地理位置”。由于测绘、导航定位等活动的基本目的是获取地理位置，因此我们将测绘、导航定位所有经济活动都纳入地理信息产业的范畴。但是，在遥感产业的一些应用领域中，专注的重点并非“地理位置”，而是一些专题信息。比如，气象部门主要关注遥感数据中的气象信息、农业部门主要关注遥感

数据中的农情光谱信息等。因此，遥感产业中的一部分而非全部属于地理信息产业。基于此认识，《分类》从广义角度体现“地理信息产业”的概念，其包含测绘、导航定位、地理信息系统和部分遥感经济活动。因此，我们在划分“地理信息服务”这个大类时，按照地理信息采用的主要技术，分为遥感测绘服务、地图服务、导航定位服务、地理信息系统服务和其他地理信息服务(包括地理国情监测服务），其中地图服务、导航定位服务主要面向公众，地理信息系统服务主要面向专业部门，地理国情监测服务主要面向政府和研究机构。

五、为什么部分相关产业未能纳入《分类》中

由于地理信息产业发展规模较小，其分散在国民经济的多个行业中，并且占比都非常小，不便于统计数据提取和操作。根据国家统计局和有关专家的意见，我们按照抓大放小的原则，对于与地理信息产业活动相关的测绘仪器修理、知识产权服务、资本投资服务、设备租赁、房产物业管理、单位后勤管理服务、会议及展览服务、国际组织、科技推广等，暂未列入《分类》中。但是，为实现全口径管理，各地在地理信息产业单位名录库建设、统计调查等工作中，可以自行纳入地理信息产业的范畴，并归入《分类》中的相关类别。

六、如何确定《分类》的统计单位

地理信息产业原则上以从事地理信息产业活动的法人单位为统计单位。但由于地理信息产业涉及到更细的活动和产品，在统计条件许可的情况下，按照产业活动单位分类和统计更为准确。因此，以法人单位作为划分对象时，其主营业务为地理信息活动的，按《分类》划分并作为统计单位；以产业活动单位为划分对象时，所有法人单位内部从事地理信息产业活动的产业活动单位（例如工程建设单位中的测量队、大型互联网企业中的地图部门、高等院校中的测绘学院等），各自按《分类》划分并作为统计单位。目前，在 1.7 万多家测绘资质单位中，有很大一部分单位的主营业务都不是地理信息活动，那么这些单位就需要以内部从事地理信息活动的产业活动单位为统计单位。

七、为什么在《分类》名称中加“2017”

随着地理信息产业的快速发展，地理信息产业的内涵和外延可能会发生变化，今后需要逐步完善。因此，为便于以后对《分类》进行修改完善并加以区别，参考国家相关产业统计分类的命名方式，我们在《分类》名称中加注“2017”，表明这是 2017 年制定的分类。如果今后有新修订的分类，将在名称中加注修订当年的年份数字。

八、如何推动《分类》的有效实施

《分类》出台后，国家测绘地理信息局将组织各省级测绘地理信息主管部门按照《分类》要求，对全国地理信息产业名录库中的3.5万家单位进行分类调整。同时，尽快启动全国地理信息产业专项调查工作，摸清各个类别的产值和总产值。条件具备时，争取国家统计局支持，对《分类》中带“*”和“**”的行业类别进行产业占比计算，确定关联统计系数，便于其他年份利用系数直接计算地理信息产业总产出和增加值。同时，以《分类》为基础，研究制定地理信息产业重点产品和服务指导目录，将地理信息产业的具体内涵进一步细化，便于各地以此为依据，更好地开展地理信息产业相关工作。

与测绘地理信息相关的国民经济行业分类

4023

导航、测绘、气象及海洋专用仪器制造

指用于气象、海洋、水文、天文、航海、航空等方面的导航、测绘、制导、测量仪器和仪表及类似装置的制造。

657

数字内容服务

指数字内容的加工处理，即将图片、文字、视频、音频等信息内容运用数字化技术进行加工处理并整合应用的服务。

6571

地理遥感信息服务

指互联网地图服务软件、地理信息系统软件、测绘软件、遥感软件、导航与位置服务软件、地图制图软件等，以及地理信息加工处理（包括导航电子地图制作、遥感影像处理等）、地理信息系统工程服务、导航及位置服务等。

744

测绘地理信息服务

7441

遥感测绘服务

7449

其他测绘地理信息服务